孩子最爱看的

奥秘天下

HAIZI ZUI AI KAN DE BINGQI AOMI CHUANQI

兵器奥秘传奇

主编 崔钟雷

北方联合出版传媒（集团）股份有限公司
万卷出版公司

前言
PREFACE

　　没有平铺直叙的语言，也没有艰涩难懂的讲解，这里却有你不可不读的知识，有你最想知道的答案，这里就是《奥秘天下》。

　　这个世界太丰富，充满了太多奥秘。每一天我们都会为自己的一个小小发现而惊喜，而《奥秘天下》是你观察世界、探索发现奥秘的放大镜。本套丛书涵盖知识范围广，讲述的都是当下孩子们最感兴趣的知识，既有现代最尖端的科技，又有源远流长的古老文明；既有驾驶海盗船四处抢夺的海盗，又有开着飞碟

频频光临地球的外星人……这里还有许多人类未解之谜、惊人的末世预言等待你去解开、验证。

《奥秘天下》系列丛书以综合式的编辑理念，超海量视觉信息的运用，作为孩子成长路上的良师益友，将成功引导孩子在轻松愉悦的氛围内学习知识，得到切实提高。

编 者

奥秘天下
AOMI TIANXIA

孩子最爱看的
兵器奥秘传奇
HAIZI ZUI AI KAN DE
BINGQI AOMI CHUANQI

目录
CONTENTS

Chapter 1 第一章

奥秘天下
AOMI TIANXIA
孩子最爱看的
兵器奥秘传奇
HAIZI ZUI AI KAN DE
BINGQI AOMI CHUANQI

Chapter 2 第二章

目录
CONTENTS

奥秘天下
AOMI TIANXIA
孩子最爱看的
兵器奥秘传奇
HAIZI ZUI AI KAN DE
BINGQI AOMI CHUANQI

Chapter 3 第三章

目录

CONTENTS

CHAPTER 1 第一章

战车

　　战车,是一种钢铁与力量的象征。作为现代陆地战场的中坚力量,战车以其强大的直射火力、高度的越野机动性和坚固的装甲防护能力,创造了一个又一个不朽的传奇。

美国 M1A2主战坦克

AOMI TIANXIA

měi guó lù jūn yú nián zhèng shì dìng gòu zhǔ zhàn tǎn kè gāi tǎn kè shì dì
美国陆军于1992年正式订购M1A2主战坦克,该坦克是第

sì dài zhǔ zhàn tǎn kè chū xiàn qián de guò dù xíng shǔ yú dì sān dài bàn zhǔ zhàn tǎn kè
四代主战坦克出现前的过渡型,属于第三代半主战坦克。M1A2

zhǔ zhàn tǎn kè chē tǐ hé pào tǎ zhèng miàn chē tǐ hé pào tǎ zhōu wéi cǎi yòng gāo qiáng dù fù hé
主战坦克车体和炮塔正面,车体和炮塔周围采用高强度复合

zhuāng jiǎ fáng yù lì tí gāo yí bèi gāi tǎn kè zēng jiā liǎo chē zhǎng dú lì rè xiàng guān chá yí
装甲,防御力提高一倍。该坦克增加了车长独立热像观察仪,

chē zhǎng néng dú lì bǔ zhuō gēn zōng mù
车长能独立捕捉、跟踪目

biāo shè jī dà dà tí
标射击,大大提

gāo dī néng jiàn dù　　hēi yè hé yān mù　qíngkuàng xià yǔ dí zuò zhàn néng lì

高低能见度(黑夜和烟幕)情况下与敌作战能力。

měi guó　　　　　zhǔ zhàn tǎn kè shang pèi bèi　　　　xíng　háo mǐ huá táng pào　qí yǒu

美国M1A2主战坦克上配备M256型120毫米滑膛炮,其有

xiào shè chéng dá　　　　mǐ měi guó　　　zhǔ zhàn tǎn kè jù yǒu xìn xī gǎn zhī 、 jiāo huàn hé

效射程达3 500米。美国M1A2主战坦克具有信息感知、交换和

chǔ lǐ néng lì　　zhè jiù shì suǒ wèi de shù

处理能力,这就是所谓的数

zì huà tǎn kè　　gāi xíng tǎn

字化坦克。该型坦

kè dà dà tí gāo le zhàn

克大大提高了战

chǎng shēng cún néng lì

场 生存能力。

俄罗斯 T72 主战坦克

AOMI TIANXIA

zhǔ zhàn tǎn kè wài xíng
T72主战坦克外形

jǐn còu dī ǎi　　pào tǎ dǐng jù dì gāo
紧凑低矮,炮塔顶距地高

dù jǐn wéi　　　mǐ　qí pào tǎ cǎi
度仅为2.19米。其炮塔采

yòng zhù zào jié gòu　chéng bàn qiú xíng
用铸造结构, 呈半球形,

zuì hòu zhuāng jiǎ wéi　　háo mǐ chē tǐ yòng gāng bǎn jīng hàn zhì chéng　jià shǐ cāng wèi yú chē tǐ
最厚 装 甲为280毫米。车体用钢板精焊制成,驾驶舱位于车体

qián bù zhōng yāng wèi zhì　chē tǐ qián zhuāng jiǎ bǎn
前部中央位置,车体前 装 甲板

shang yǒu　　xíng fáng làng bǎn　zhàn dòu cāng zhōng pèi yǒu
上有V型防浪板。战斗舱中配有

zhuǎn pán shì zì dòng zhuāng dàn jī
转盘式自动 装 弹机。

chē tǐ chú zài fēi zhòng diǎn bù wèi cǎi
车体除在非重点部位采

yòng jūn zhì zhuāng jiǎ wài　zài chē tǐ qián shàng
用均质 装 甲外,在车体前上

bù fen cǎi yòng liǎo fù hé zhuāng jiǎ　jià shǐ
部分采用了复合 装 甲。驾驶

T72 主战坦克上装有自动灭火装置，可自动控制灭火瓶喷出灭火剂进行灭火。

cāng hé zhàn dòu cāng sì bì jù
舱 和 战 斗 舱 四 壁 具

yǒu fáng fú shè hé fáng zhōng zǐ
有 防 辐 射 和 防 中 子

liú de néng lì tóng shí hái
流 的 能 力，同 时 还

néng jiǎn ruò nèi céng zhuāng jiǎ
能 减 弱 内 层 装 甲

suì piàn fēi jiàn zào chéng de èr
碎 片 飞 溅 造 成 的 二

cì shā shāng
次 杀 伤。

yóu yú zào jià dī
由 于 造 价 低

lián xìng néng liáng hǎo zhǔ zhàn tǎn kè céng yí dù chéng wéi chū kǒu wǔ qì zhōng de rè xiāo
廉，性 能 良 好，T72 主 战 坦 克 曾 一 度 成 为 出 口 武 器 中 的 热 销

chǎn pǐn zhí dào jīn tiān shì jiè shàng réng yǒu shù shí gè guó jiā zhuāng bèi zhǔ zhàn tǎn kè
产 品。直 到 今 天，世 界 上 仍 有 数 十 个 国 家 装 备 T72 主 战 坦 克。

英国 "挑战者"系列主战坦克

"挑战者"坦克的主炮是120毫米的线膛炮,备有多种炮弹,备弹量64发。它可以发射L15A4式脱壳穿甲弹等。辅助武器为一挺与线膛炮并列安装的7.62毫米L8A2式机枪和一挺安装在车长指挥塔上的7.62毫米L37A2式高射机枪。

"挑战者"坦克的车体和炮塔装甲大大提高了抗破甲弹和碎甲弹的能力。

海湾战争后，"挑战者"I型换装了新型数字处理系统、瞄准系统、传感器系统和火炮控制装置。现在，"挑战者"型主战坦克以其防护超群，火力较强得到很多国家的认同。

15

以色列 "梅卡瓦" 系列主战坦克

•••• AOMI TIANXIA

méi kǎ wǎ tǎn kè yú nián
"梅卡瓦1"坦克于1979年

zhèng shì zhuāng bèi yǐ sè liè lù jūn céng cān jiā
正式装备以色列陆军,曾参加

guò zhōng dōng zhàn zhēng gāi xíng tǎn kè de shè jì
过中东战争。该型坦克的设计

qiáng diào le fáng hù xìng cǎi yòng dà chē tǐ xiǎo pào tǎ jiǎn xiǎo le biǎo miàn jī fā dòng jī qián
强调了防护性,采用大车体、小炮塔,减小了表面积,发动机前

zhì tā yě shì shì jiè shang wéi yī yì zhǒng fā dòng jī qián zhì de xiàn yì zhǔ zhàn tǎn kè méi
置(它也是世界上唯一一种发动机前置的现役主战坦克)。"梅

"梅卡瓦"坦克的车体焊接
有良好的防弹功能的装甲板。

kǎ wǎ   xíng tǎn kè de zhǔ yào wǔ qì shì yì mén   shì   háo mǐ xiàntáng tǎn kè pào fǔ

卡瓦1"型坦克的主要武器是一门M68式105毫米线膛坦克炮,辅

zhù wǔ qì bāo kuò yì tǐng   háo mǐ bìng liè jī qiāng

助武器包括一挺7.62毫米并列机枪。

méi kǎ wǎ   méi kǎ wǎ   jūn shì

"梅卡瓦2"、"梅卡瓦3"均是

zài   méi kǎ wǎ   de jī chǔ shang yǒu suǒ gǎi

在"梅卡瓦1"的基础上有所改

jìn   ér lì jīng   nián shí jiān yán zhì

进。而历经9年时间研制

ér chéng de   méi kǎ wǎ   xíng tǎn

而成的"梅卡瓦4"型坦

kè zé néng gòu gèng hǎo de shí xiàn xiàn

克则能够更好地实现现

dài zhàn chǎng shù zì huà

代战场数字化。

意大利"公羊"主战坦克

AOMI TIANXIA

"公羊"主战坦克又被称为"OF40"主战坦克,该坦克的车体用焊接方法制成,分为驾驶舱、战斗舱和动力舱。

"公羊"坦克安装有120毫米滑膛炮、热像仪,可在行进间对运动目标进行射击,夜间作战能力极强。"公羊"坦克的装甲防护系统优良,车体侧面防护能力。坦克上还装有核

"公羊"主战坦克的炮塔及车体的正面装甲倾角极大。

18

shēng huà fáng hù xì tǒng néng gòu yǒu xiào de guò
生化防护系统，能够有效地过

lǜ fàng shè xìng chén āi hé huà xué zhàn jì bǎo
滤放射性尘埃和化学战剂，保

zhèng le chē nèi kōng qì de qīng jié
证了车内空气的清洁。

yì dà lì gōng yáng zhǔ zhàn
意大利"公羊"主战

tǎn kè suī rán zhǐ yǒu liàng zuǒ
坦克虽然只有200辆左

yòu dàn shì tā zài shì jiè tǎn
右，但是它在"世界坦

kè pái háng bǎng shang pái
克排行榜"上排

míng qián shí míng
名前十名。

韩国 K1系列主战坦克

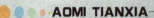
●●●▶AOMI TIANXIA

K1A1坦克是韩国陆军现役主战坦克，由于它套用了美国M1A1主战坦克的许多现成技术，所以也有人叫它"克隆小M1A1"。这种坦克适应了韩国多山地、多沼泽的地形，而且还特别强化了坦克的机动性。

K1A1主战坦克的火炮是美国的M256型120毫米火炮，辅助武器是3挺机枪。K1A1坦克上安装了第三代坦克最先进的

huǒ kòng xì tǒng
火控系统。

jìn nián lái   xì liè zhǔ zhàn tǎn kè bú
近年来，K1系列主战坦克不

duàn gǎi liáng   bǐ rú zài jù yǒu yè zhàn néng lì de
断改良，比如在具有夜战能力的

tóng shí fáng hù néng lì   yě yǒu cháng zú jìn bù   hán
同时防护能力也有长足进步。韩

guó rén duì   zhǔ zhàn tǎn kè chōng mǎn zì háo rèn
国人对K1主战坦克充满自豪，认

wéi tā shì   zuì shì hé zài hán guó shǐ yòng de zhǔ
为它是"最适合在韩国使用的主

zhàn tǎn kè
战坦克"。

印度"阿琼"主战坦克

AOMI TIANXIA

1974年, 印度开始研制新一代"阿琼"主战坦克。该坦克采用平直装甲, 外形方正。"阿琼"坦克的主炮是一门120毫米的线膛炮, 采用人工装填, 故持续作战能力较差。可用弹种为穿甲弹和碎甲弹, 弹药基数64发。另有与主炮并列的7.62毫米机枪和炮塔上的12.7毫米机枪, 后者可以在炮塔内遥控射击。"阿琼"坦克首发命中率和机动性强, 对运动目标的反应与

性能卓越

"阿琼"主战坦克的机动性能较为出色, 最大时速72千米, 爬坡度31°, 越壕宽3米。

捕捉能力较好，具有昼夜全天候捕捉目标和精确命中的能力。

"阿琼"主战坦克的变型车种类很多,包括装甲抢救车、工程车等。

日本 90式主战坦克

AOMI TIANXIA

90式坦克的主炮是120毫米滑膛炮,配有自动装弹机。辅助武器包括一挺并列机枪和高射机枪。在炮塔后部两侧各装有3具一组的73式烟幕弹发射器。

90式主战坦克的火控系统性能十分先进,由数字弹道计算机控制,具有目标自动追踪与锁定能力,由观察瞄准装置、激光测距仪、数字式弹道计算机和指挥仪式瞄准装置等构成。

90式主战坦克只有200辆左右，每辆单价高达850万美元，被称为"最昂贵的坦克"。

日本90式主战坦克的机动能力比较差，自服役至今，它还没有尝试过穿越丛林地带。

中国 99式主战坦克

AOMI TIANXIA

综合性能

99式主战坦克是中国陆军装甲师的主要突击力量，因稳定的综合性能而广受好评。

军事地位

99式主战坦克是中国人民解放军新的主战坦克，被誉为中国的陆战王牌。

shì zhǔ zhàn tǎn kè shì zhōng guó dú lì yán zhì de
99式主战坦克是中国独立研制的

xīn yí dài zhǔ zhàn tǎn kè zài jī dòngxìng huǒ lì xìng hé fáng
新一代主战坦克，在机动性、火力性和防

hù xìng děngfāngmiàn dū kě juàn kě diǎn dá dào liǎo guó jì xiān
护性等方面都可圈可点，达到了国际先

jìn shuǐpíng
进水平。

shì zhǔ zhàn tǎn kè cǎi yòngzēng yā chái yóu fā dòng
99式主战坦克采用增压柴油发动

jī zuì dà sù dù kě dá qiān mǐ shí shì zhǔ zhàn
机，最大速度可达65千米/时。99式主战

26

坦克战斗全重50吨，在2 500米距离内对移动目标的首发命中率高达90%。在防护性方面，99式主战坦克车首和炮塔正面装有复合装甲，具有良好的安全性和经济性。

最新改进型99式主战坦克拥有激光通讯系统、激光告警系统和激光压制系统，这些先进的电子系统大大提升了改进型99式主战坦克的战斗力。

美国 AIFV 装甲步兵战车

AOMI TIANXIA

měi guó　　　　zhuāng jiǎ bù bīng zhàn chē chē tǐ
美国AIFV 装 甲步兵战车车体
cǎi yòng lǔ hé jīn zhuāng jiǎ hé fù jiā jiā céng gāng
采用铝合金 装 甲和附加夹层钢
zhuāng jiǎ jié gòu　zhuāng jiǎ jiān yóu pāo mò zhuàng wù zhì
装 甲结构。装 甲间由泡沫 状 物质
tián chōng　kě dà dà tí gāo zhàn chē zài shuǐ shang de fú
填充,可大大提高战车在水上的浮
dù xìng néng　pào tǎ shang zhuāng yǒu jī guān pào hé jī
渡性能。炮塔上 装 有机关炮和机
qiāng zài yuán cāng liǎng cè fēn bié yǒu liǎng gè shè jī kǒng wěi mén shang yǒu gè shè jī kǒng
枪,载员舱两侧分别有两个射击孔,尾门上 有1个射击孔。

zhuāng jiǎ bù bīng zhàn chē
AIFV 装 甲步兵战车
rù shuǐ qián chē tǐ qián bù de zhé dié
入水前车体前部的折叠
shì fáng làng bǎn shēng qǐ　zài shuǐ
式防浪板升起,在水
zhōng xíng shǐ shí néng gòu yùn yòng
中行驶时能够运用
lǔ dài huá shuǐ kuài sù qián xíng
履带划水快速前行。

AIFV 装甲步兵
战车由美国食品机械
化学公司军械分部研
制,在研制的过程中
就受到很多国家的关
注,第一个订购该战车
的国家是荷兰。

▼AIFV装甲步兵战车有5对双负重轮,在第
一、第二和第五负重轮上装有液压减震器。

车体结构

　　AIFV装甲步兵战车车体后部为载员
舱,可同时乘载步兵7人。在车顶部有1个
单盖舱口用于通风,两侧各有2个射孔,另
外还有1个射孔位于跳板式后门上。为减
少车内发生意外,单兵武器在射击时都运
用支架支撑。

俄罗斯 BMP 系列步兵战车

^{bù bīngzhàn chē néng zài xíng}
BMP-1步兵战车能在行

^{jìn jiān fú dù jiāng hé　　néng xùn sù tōng guò fàng}
进间浮渡江河,能迅速通过放

^{shè xìng wū rǎn dì qū　　kuò dà hé tū jī xiào}
射性污染地区,扩大核突击效

^{guǒ　tā de zhǔ yào wǔ qì chú huǒ pào wài　hái bāo kuò　　sà gé　　fǎn tǎn kè dǎo dàn　chē tǐ hòu}
果。它的主要武器除火炮外,还包括"萨格"反坦克导弹,车体后

^{bù yǒu liǎngshàn wěi mén}
部有两扇尾门。

^{bù bīngzhàn chē yǒu　mén jì}
BMP-3步兵战车有1门既

^{néng fā shè pǔ tōng pào dàn　yòu néng fā shè dǎo}
能发射普通炮弹,又能发射导

^{dàn de　　háo mǐ huá táng pào　tā shì qì}
弹的100毫米滑膛炮,它是迄

^{jīn shì jiè shang bù bīng zhàn chē zhuāng bèi de}
今世界上步兵战车装备的

^{kǒu jìng zuì dà de huǒ pào　fǔ zhù gōng jǐ wǔ}
口径最大的火炮。辅助攻击武

^{qì yǒu jī guān pào děng　chú le qiáng dà de huǒ}
器有机关炮等。除了强大的火

力性能之外，BMP-3步兵战车还拥有强制冷却系统、新型反应装甲与"阿罗妇"主动防御系统等。

BMP系列步兵战车曾参加过中东战争、印巴战争、两伊战争、海湾战争、俄罗斯的车臣战争，具有丰富的战斗使用经验。

▶BMP-3步兵战车是苏联第三代履带式步兵战车，在红场阅兵中它的出现曾引起各国广泛重视。

英国"武士"步兵战车

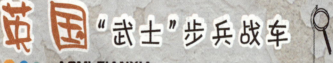
AOMI TIANXIA

"武士"步兵战车主要 装 备英军野战部队和 装 甲机械部队,可协同坦克作战,输送并支援步兵。在车体结构上 ,采用铝合金焊接,炮塔为动力驱动或手动操纵。该车越野机动能力强 ,防护性能优于其他步兵战车。

"武士"步兵战车的主要武器是1门30毫米

的"拉登"机关炮,可发射
脱壳穿甲弹。辅助攻击
武器是1挺7.62毫米机
枪,安装在炮塔右侧。

"武士"战车在实战中可用来攻击敌方的步兵战车和轻型
装甲车辆,排除地雷等前进障碍,但若攻击敌方坦克则显得
威力不足。在2003年的伊拉克战争中,"武
士"步兵战车经受住了考验,体现了其良好的
可靠性与防护性。

英国 FV432 步兵战车

● ● ● ● · AOMI TIANXIA

bù bīng zhàn chē
FV432步兵战车
yú　shì jì　nián dài kāi
于20世纪50年代开
shǐ yán zhì shēng chǎn
始研制生产，1971
nián　yīng guó gòng shēng chǎn
年，英国共生产

zhàn chē　　　　　liàng　shì zhòng yào de xié tóng zuò zhàn chē liàng
FV432战车3 000辆，是重要的协同作战车辆。

gāi chē shè jì dú tè　jià shǐ yuán wèi yú chē qián yòu cè　bìng yǒu　gè dān shàn xiàng zuǒ dǎ
该车设计独特，驾驶员位于车前右侧，并有1个单扇向左打

车体构造

FV432步兵战车的车体由防弹钢板焊接而成，防护性强。车上还可以安装防护网，以便更好地保护驾驶人员的安全。在驾驶员的后方，车长有一个可以手动旋转360°的指挥塔，方便车长控制战车。

kāi de cāng gài　cāng gài
开的舱盖，舱盖
shàng zhuāng yǒu dà jiǎo dù
上 装 有大角度
qián wàng jìng　zài yuán cāng
潜望镜。载员舱
wèi yú chē tǐ hòu bù
位于车体后部，
kě tóng shí chéng zài
可同时乘载10

名步兵。车体材料采用了由焊接而成的防弹钢板。该车的操纵机构位于车体前方,操纵装置由操纵杆、油门踏板和变速杆等组成。其悬挂装置为独立扭杆式,主动轮在前,诱导轮在后。在第一和第五负重轮位置装有摩擦减震器。

瑞典 CV90 步兵战车
AOMI TIANXIA

瑞典CV90步兵战车是一种履带式步兵战车。该战车一经问世，就以它超群的战术机动性而轰动世界。

CV90步兵战车所装备的70倍口径的40毫米机关炮威力强大：当遭遇敌方主战坦克时，机关炮能发射穿甲弹攻击敌方坦克侧面薄弱的装甲，而对付普通装甲车辆或步兵时，又可发射高爆弹

CV90步兵战车上装有浮渡装置,可以在水上行驶。

敌我识别系统

CV90步兵战车的敌我识别系统可以辨别出飞机和直升机。它还能对6个以下的目标按威胁的大小确定攻击顺序。

北欧利刃

CV90步兵战车的战斗全重不到22吨,最高速度为70千米/小时,很适应瑞典北部严寒、多冰雪和沼泽的作战环境。

lái shā shāng dí rén bù bīng zhàn chē
来杀伤敌人。CV90步兵战车

de tuī jìn xì tǒng shǐ tā zài xuě dì hé zhǎo zé
的推进系统使它在雪地和沼泽

li shēnqīng rú yàn rú lǚ píng dì zhàn chē
里"身轻如燕,如履平地"。战车

shangzhuāng yǒu fú dù zhuāng zhì kě yǐ zài shuǐ
上装有浮渡装置,可以在水

shang xíng shǐ hái zhuāng bèi biàn sè
上行驶。CV90还装备"变色

óng zì xíng gāo pào tā quǎn yīng shì mài
龙"自行高炮,它"犬鹰"式脉

chōng duō pǔ lè léi dá jù yǒu xiān jìn de dí
冲多普勒雷达具有先进的敌

wǒ shí bié xì tǒng
我识别系统。

37

美国 M109 系列自行榴弹炮

AOMI TIANXIA

^{měi guó} ^{xíng} ^{háo mǐ zì xíng liú}
美国M109型155毫米自行榴

^{dàn pào shì mù qián shì jiè shang zhuāng bèi guó jiā zuì}
弹炮是目前世界上 装 备国家最

^{duō zhuāng bèi shù liàng zuì duō yìng yòng zuì guǎng fàn}
多、装 备数量最多、应用最广泛

^{de zì xíng liú dàn pào zhī yī jīng guò bú duàn gǎi}
的自行榴弹炮之一。经过不断改

^{jìn shǐ zhōng bǎo chí zhe xiān jìn de shuǐ}
进,M109始 终 保持着先进的水

^{píng yóu qí shì zuì xīn de yóu xiá zì xíng liú dàn}
平。尤其是最新的M109A6"游侠"自行榴弹

^{pào yóu yú huǒ kòng xì tǒng gǎi jìn hěn}
炮,由于火控系统改进很

^{dà chéng wéi měi jūn zhòng xíng jī xiè huà}
大,成为美军重型机械化

^{bù duì zhǔ yào de huǒ lì zhī yuán wǔ qì}
部队主要的火力支援武器。

^{de jī dòng xìng néng liáng}
M109的机动性能良

^{hǎo kě yǐ xùn sù jìn rù hé chè lí fā}
好,可以迅速进入和撤离发

射阵地，能够跟上机械化部队的推进速度并与之协同作战。此外，M109自行榴弹炮车若利用浮囊还可以浮江渡河，它还可以由飞机空运到战场。

M109系列自行榴弹炮的155毫米口径是当今的主流口径，可以发射北约标准的各种弹药。

瑞士 "皮兰哈"装甲人员输送车

●●●● AOMI TIANXIA

pí lán hā zhuāng jiǎ rén yuán shū
"皮兰哈"装甲人员输

sòng chē shì shì jì nián dài chū yóu ruì
送车是20世纪70年代初由瑞

shì mò wǎ gé gōng sī tóu zī yán zhì de lún
士莫瓦格公司投资研制的轮

shì zhuāng jiǎ chē xì liè tā bāo kuò
式装甲车系列,它包括4×

hé sān zhǒng jī běn chē
4、6×6和8×8三种基本车

xíng gǎi chē chē tǐ wéi zhuāng jiǎ bǎn quán hàn
型。该车车体为装甲板全焊

jiē jié gòu kě fáng yù qīng wǔ qì hé dàn
接结构,可防御轻武器和弹

piàn chē shang de xǔ duō bù jiàn hái kě hù
片。车上的许多部件还可互

huàn bìng néng ān zhuāng duō zhǒng wǔ qì qí
换,并能安装多种武器,其

yuè yě xìng néng liáng hǎo chē qián zuǒ cè shì jià
越野性能良好。车前左侧是驾

shǐ yuán de zuò wèi chē hòu shì zài yuán cāng
驶员的座位,车后是载员舱。

"皮兰哈"装甲输送车能够
依靠车后的两个喷水推进器在
水上自由行使。

CHAPTER 2 第二章

战舰

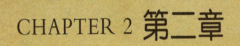

　　战舰是名副其实的海上霸主，它是当今世界海战中实现制海、制空目标的重要工具，也是一个国家海洋控制力及综合国力的最全面体现。

美国 "尼米兹"级航空母舰

● ● ● AOMI TIANXIA

被誉为"海上霸王"的"尼米兹"级核动力航空母舰是美国海军第二代核动力航空母舰,它是世界上排水量最大、舰载机最多、现代化程度最高、作战能力最强的航空母舰。

"尼米兹"级航母的防护系统极为

坚固，舰体两舷的水下部分都设
有能承受300千克炸药的防鱼
雷舱，其严密的防护能力，使它
拥有近乎"永恒"的生命。

　　从1976年首艘"尼米兹"级
航母下水后，"尼米兹"级航母几乎参加了20世纪末至21世纪初
美国参与的所有战争，因此获得"美利坚旗帜"的殊荣。

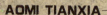

美国"杜鲁门"号航空母舰
AOMI TIANXIA

1998年7月25日上午，在美国海军诺福克海军基地12号军港码头，由美国总统主持了盛大的航母服役典礼。这艘航母就是"杜鲁门"号航空母舰。

"杜鲁门"号航母主要采用信息技术来完成对舰艇的改造工作。该舰广泛使用光纤电缆，提高了数据传输速率；局域

wǎngjiāng jì suàn jī dǎ yìn jī fù yìn jī zuò zhàn
网将计算机、打印机、复印机、作战

bīng lì zhàn shù xùn liàn xì tǒng jiàn tǐng tú piàn zài chǔ
兵力战术训练系统、舰艇图片再处

lǐ zhuāng zhì děng lián wéi yì tǐ shí xiàn le wú zhǐ huà
理装置等连为一体，实现了无纸化

bàn gōng tí gāo le xìn xī chǔ lǐ néng lì hái zēng shè
办公，提高了信息处理能力；还增设

bǎo mì zhàn shù jiǎn bào shì jiàn tǐng pèi bèi le shù zì
保密战术简报室，舰艇配备了数字

shēn fèn kǎ
身份卡。

俄罗斯 "库兹涅佐夫" 号航空母舰

AOMI TIANXIA

kù zī niè zuǒ fū   hào háng kōng mǔ
"库兹涅佐夫"号航空母
jiàn shì é luó sī dì yī sōu zhēn zhèng yì yì
舰是俄罗斯第一艘真正意义
shang de háng kōng mǔ jiàn   zú gòu cháng dù de
上的航空母舰,足够长度的

飞行甲板和得到加强的防卫能力使它成为"重型航空巡洋"。

"库兹涅佐夫"号航母与众不同之处就在于它是一个奇妙"混合物":它既有舰队型航母特有的斜直两段甲板，又有轻型航母通用的12°上翘角滑跃起飞甲板。俄罗斯在牺牲飞机作战性能的情况下，终于拥有了自己的"大型航空母"，但仍自称"载机巡洋"。

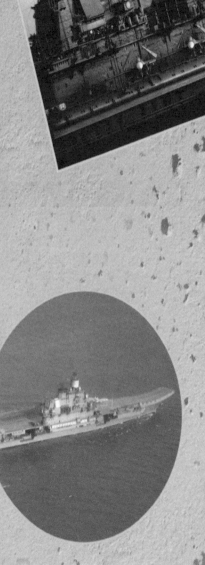

"库兹涅佐夫"号航空母舰的服役使世界海军中首次出现了滑跃起飞、拦阻降落这一新颖的航母起降方式。

俄罗斯"基辅"级航空母舰

AOMI TIANXIA

"基辅"级航母被苏联称为"战术航空巡洋",它的成功标志着苏联走上了发展航母的道路。

1970 年,"基辅"级航母开工,1975 年服役。

"基辅"级航母的排水量 37 100 吨。

在超级大国时代,苏联曾经拥有过全球第二的强大海军。

设计目的

"基辅"级航母的设计目的是为苏联海军提供编队战斗机形式的空中防护。

依赖性

"基辅"级航母有重型巡洋舰一样的武备,对护航舰艇的依赖性较少。

"基辅"级航母与其他航母的最大区别是，"基辅"级航母上除了舰载机，还装载了大量武器，其本身也具有强大的火力。如反舰导弹发射装置、防空武器、反潜装备等。而且，"基辅"级航母上装备有各种先进的电子设备。

"基辅"级航母曾经建造过四艘：第一艘退役后被卖给中国；第二艘退役后被卖到中国改为游乐设施；第三艘也退役了；第四艘经历过一场大火现在处于搁置状态。

战略地位

"基辅"级航母的建造是在古巴导弹危机之后，美苏签订部分禁止核试验条约的情况下，苏联利用美国陷入越南战争的时机，加强和加快了海军建设。"基辅"号航母在历史上虽没有参加过任何战役，但服役期间曾出访印度、朝鲜和阿尔及利亚等国，被喻为"水晶理想"、"国家名片"。

动力装置

"基辅"级航母的动力装置为4台蒸汽轮机，总功率20 0000马力。

续航力

"基辅"级航母的续航力为13 500海里/18节。全舰编制为1 600人。

英国"无敌"级航空母舰

● ● ● ●—AOMI TIANXIA—

wú dí jí hángkōng mǔ jiàn de shǒu jiàn zài
"无敌"级航空母舰的首舰在1973

nián kāi gōng jiàn zào xiàn yì sōu nián mǎ dǎo hǎi zhàn
年开工建造,现役3艘。1982年马岛海战

qī jiān shǒu sōu wú dí jí háng mǔ fā huī le
期间,首艘"无敌"级航母发挥了

bù kě hū shì de zuò yòng shēn dé yīng
不可忽视的作用,深得英

guó hǎi jūn de xǐ ài tā shì shì jiè shang
国海军的喜爱。它是世界上

dì yī sōu cǎi yòng huá yuè shì jiǎ bǎn qǐ fēi de háng mǔ
第一艘采用滑跃式甲板起飞的航母。

gāi jiàn kě zài jià gè lèi fēi jǐ lìng yǒu dǎo dàn huǒ
该舰可载20架各类飞机,另有导弹、火

炮及电子武器。"无敌"级航空母舰是英国海军装备的一种轻型航母,是现代轻型航空母舰的典范。

仅从外表看,"无敌"级保留了二战时英国航母的所有特征,比如大型的封闭机库、没有阻拦和弹射装置的甲板,除此之外还运用了滑跃式甲板、电子升降平台、燃气轮机等更适合轻型航母的新技术。

法国 "戴高乐" 级航空母舰

AOMI TIANXIA

"戴高乐"级航空母舰是法国海军第一种核动力航空母舰，也是世界上唯一一种采用核动力的中型航空母舰。

"戴高乐"级航母的核反应堆是从两艘法国导弹核潜艇上直接拿来的。该航母上装备的C-13型蒸汽弹射器可以每隔20秒送一架飞机上天，

综合作战能力

据估计，"戴高乐"级航母的综合作战能力要比"克莱蒙梭"级常规动力航母大6倍。

命令

1986年2月，法国国防部长签署了"戴高乐"级航母的命令。

suǒ yǐ háng mǔ shàng de   jià zuò zhàn fēi jī kě
所以航母上的40架作战飞机可

yǐ zài jí duǎn de shí jiān nèi fēi lí mǔ jiàn
以在极短的时间内飞离母舰。

dài gāo lè   jí háng mǔ cóng jiàn tǐ dào
"戴高乐"级航母从舰体到

shàng céng jiàn zhù quán bù jìn xíng le yǐn xíng chǔ lǐ
上层建筑全部进行了隐形处理，

dà dà jiǎn shǎo le   léi dá hé hóng wài xiàn fǎn shè
大大减少了雷达和红外线反射

jié miàn kān chēng wán měi de   hǎi shang yì shù pǐn
截面，堪称完美的"海上艺术品"。

基本情况

　　"戴高乐"号全长240.8米、宽31.4米，吃水8.5米，标准排水量35 500吨，满载排水量40 600吨，主机为2座K-15一体化循环压水堆，总功率为76 200马力，最大航速27节。其编制人员1 700人，其中航空人员550人。

设计
　　1987年1月，首舰R91"戴高乐"级航母在布勒斯特船厂完成了设计。

服役
　　"戴高乐"级航母，2000年9月正式服役。

意大利"加里波第"号航空母舰

AOMI TIANXIA

jiā lǐ bō dì hào hángkōng
"加里波第"号航空
mǔ jiàn céng shì shì jiè shang zuì xiǎo
母舰曾是世界上最小
de hángkōng mǔ jiàn suī rán tā shì
的航空母舰,虽然它是
qīng xíng hángkōng mǔ jiàn dàn qí dā
轻型航空母舰,但其搭
zài fēi jǐ hé fǎn qián fǎn jiàn fáng
载飞机和反潜、反舰、防
kōng zuò zhàn de néng lì dōu jiào qiáng
空作战的能力都较强。

jiā lǐ bō dì hào hángkōng mǔ jiàn de fēi xíng jiǎ bǎn wéi zhí tōng
"加里波第"号航空母舰的飞行甲板为直通
shì jiǎ bǎn qiánduānshàngqiào kě tíng fàng jià chuí zhí qǐ jiàng de fēi jǐ jiǎ
式,甲板前端上翘,可停放6架垂直起降的飞机。甲

bǎn xià miàn de jī kù kě
板下面的机库可
tíng fàng jià chuí zhí qǐ
停放12架垂直起
jiàng fēi jī jiā lǐ bō
降飞机。"加里波
dì hào háng kōng mǔ jiàn
第"号航空母舰
shang zhuāng bèi le huǒ lì
上装备了火力
qiáng dà de wǔ qì xì tǒng cǐ wài hái yǒu zuò lián
强大的武器系统。此外,还有2座3联
zhuāng háo mǐ fǎn qián yú léi fā shè guǎn yǐ jí
装324毫米反潜鱼雷发射管以及
gè zhǒng léi dá hé shēng nà děng
各种雷达和声呐等。

▼"加里波第"号航空母舰具有体积小、重量轻、功率大、启动快、操纵灵活等特点,因此该舰不仅航速快,而且机动性强。

西班牙 "阿斯图里亚斯亲王" 号航空母舰

"阿斯图里亚斯亲王"号航空母舰是西班牙海军目前唯一在役的航空母舰，也是西班牙有史以来的第三艘航空母舰。

1982年，西班牙国王胡安·卡洛斯一世及其王后见证了西班牙第一艘自行建造的航空母舰下水试航。但由于"阿斯图里亚斯亲王"号航空母舰需要增加数字指挥控制系统，直至1988年5月30日才正式服役。

1990年，"阿斯图里亚斯亲王"号航空母舰进行部分改装。舰上的主要武器装备为：4座20毫米近战武器系统；起降飞机、直升机；"梅罗卡"炮、近防炮。

"阿斯图里亚斯亲王"号航空母舰的总体设计在突出航空母舰作战特点的前提下，敢取敢舍，结构简单。

57

美国"佩里"级护卫舰

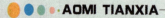
●●●● AOMI TIANXIA

"佩里"级护卫舰是美国海军通用型导弹护卫舰,可以完成防空、反潜、护航和打击水面目标等任务。它是世界上最先进的导弹护卫舰之一,更因其价格适中而获得大批量建造。仅至1988年,美国就建造了60艘。

"佩里"级护卫舰的上层建筑形成一个封闭的整体,这样就能

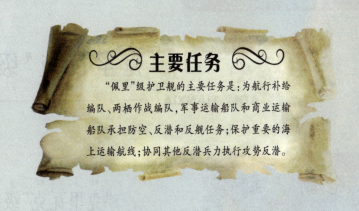

为舰员和设备提供更多的空间。该护卫舰的生活设施良好,每名舰员平均拥有近20平方米的生活空间。"佩里"级护卫舰上武器配置较齐全,探测系统性能出众,尤其是声呐系统。

俄罗斯"克里瓦克"级护卫舰

● ● ● ● AOMI TIANXIA

全副武装

"克里瓦克"级护卫舰的反潜作战能力强，配备有导弹、深弹、鱼雷等反潜武器，形成了远、中、近的综合反潜火力。

作战任务

"克里瓦克"级护卫舰以反潜作战为主，兼顾防空和反舰作战。"克里瓦克"I、II型的作用是远洋反潜作战。

"克里瓦克"级护卫舰采用宽体结构，使平台的稳定性、武器的使用、携带燃料和弹药等方面得到了改善。

1969-1990年，"克里瓦克"I、II、III级护卫舰建造完成。"克里瓦克"级护卫舰上安装了大量的武器和电子设备，其中舰首的四枚俄罗斯制造的"天王星"反舰导弹最显眼。经现代化改装后的"克里瓦克"I级护卫舰装有以下设备：双联装"壁虎"舰对空导弹发射装置；四联装"石英"反潜导

60

弹发射装置;舰炮和
鱼雷发射管;"罩
钟"、"座钟"电子战
设备;对空雷达、对海
雷达、"眼窝"火控雷
达。现在,"克里瓦克"
Ⅳ级护卫舰正在积极
的筹建中。

法国"地平线"级护卫舰

●●●● AOMI TIANXIA

"地平线"级护卫舰的主要任务是保护航空母舰战斗群和民用船只,使其免遭敌方空中打击,此外,它还具有较强的反潜能力。

"地平线"级护卫舰上装备有法国自主研发的 SENIT-8战斗系统以及由EMPAR雷达与48管Sylver垂直发射系统组成的主动防空导弹系统。

"地平线"级护卫舰始

建于2000年。2006年,第二艘也是最后一艘法国"地平线"级护卫舰下水,标志着法国舰艇建造局参与的法意"地平线"级护卫舰项目接近尾声。

武器配备

法国"地平线"级护卫舰配备了 S-1850 远距离 3D 电子扫描雷达作为辅助设备。

合作研发

法国"地平线"级护卫舰是由法国和意大利合作设计和建造的防空护卫舰,最初还有英国,但后来退出。由于法意两国应用了合作开发的系统,因此两国舰船的通用程度超过90%。

英国 23型"公爵"级护卫舰

23型"公爵"级护卫舰是英国海军在20世纪90年代末到21世纪初的主要水面作战舰艇,承担了英国海军的大部分水面战斗任务。

23型"公爵"护卫舰的安静性和隐身性突出。它的主要战斗任务是反潜作战,为了达到最佳的攻

jī xiào guǒ gāi jiàn cǎi yòng le dà liàng jiàng dī zào yīn de cuò shī jiāng suǒ yǒu de chái yóu jī hé
击效果,该舰采用了大量降低噪音的措施,将所有的柴油机和

fā diàn jī dōu ān zhuāng zài liǎo jiǎn zhèn fú fá shàng yǐ fáng zhǐ zhèn dòng zào yīn chuán rù shuǐ zhōng
发电机都安 装 在了减震浮筏上,以防止震动噪音传入水中。

xíng hù wèi jiàn shì shì jiè shang zuì zǎo cǎi yòng jiàn tǐ yǐn shēn shè jì de hù wèi jiàn qí léi dá
23型护卫舰是世界上最早采用舰体隐身设计的护卫舰,其雷达

fǎn shè miàn jī jǐn wéi xíng qū zhú jiàn de
反射面积仅为42型驱逐舰的20%。

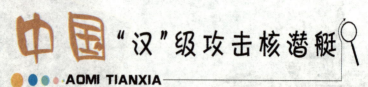

中国"汉"级攻击核潜艇

中国海军装备的第一种攻击核潜艇,代号091,西方称其为"汉"级攻击核潜艇。中国海军迄今已装备有5艘"汉"级核潜艇,编号为401、402、403、404和405。1990年之前,这5艘"汉"级潜艇均部署在北海舰队,1990年之后有2艘转移部署到南海舰队。

"汉"级攻击核潜艇采用单轴七叶高弯角螺旋桨推进器,航行噪音较小;使用数字化声呐和显示设备,实现指挥控制自动化;配备性能先进的线导反潜鱼雷和新型鱼雷发射装置,具备反潜和反舰双重作战能力。

CHAPTER 3 第三章

战机

　　现代战争中,对领空的制动已经成为战争胜利的关键,所以现代化战机的研制是各国军事的重要课题。

美国 B-1B"枪骑兵"轰炸机

●●●● ——AOMI TIANXIA

B-1B"枪骑兵"轰炸机由洛克威尔公司研制而成。在战略轰炸机家族中，B-1B轰炸机在航速、航程、有效载荷和爬升性能等各种技术指标上都处于领先地位。

B-1B轰炸机机舱内可以携带34吨弹药，还可外挂26吨弹药，雷达反射面积仅有一平方米。它还配有地形跟踪雷达，即使在复杂的地形，也能保证飞机与地面保持约60米的高度，实现

超低空高速突防。在突袭方面,B-1B能在几秒钟内将全部弹药投放完毕,然后迅速离开战区。

1998年12月,在美英对伊拉克实施的第二轮军事打击中,B-1B战略轰炸机首次在实战中露面,就成为了美军的王牌轰炸机。

实战表现

阿富汗战争期间,B-1B 轰炸机承担了美军 40% 的投弹任务,甚至对塔利班展开空中追杀行动。

美国 B-2"幽灵"隐形轰炸机
●●●● AOMI TIANXIA

B-2"幽灵"轰炸机
是目前世界上唯一一
种大型隐形飞机。

B-2隐形战略轰炸
机拥有奇特的外形。无
尾三角形机翼布局,机

身与机翼融合在一起,看起来像
一只巨大的、后缘呈锯齿状的
怪物。B-2"幽灵"轰炸机雷达反
射截面同小鸟相当。除了有隐
身本领,它还具有强大的轰炸

tū jī néng lì
突击能力。

yōu líng hōng zhà jī jí gè zhǒng gāo
B-2"幽灵"轰炸机集各种高

jīng jiān jì shù yú yì tǐ ràng dí fāng fáng bú shèng
精尖技术于一体,让敌方防不胜

fáng bèi měi guó jūn fāng yù wéi kě yǐ quán qiú dào
防,被美国军方誉为可以"全球到

dá hé quán qiú cuī huǐ de hōng zhà jī
达"和"全球摧毁"的轰炸机。

▲B-2"幽灵"隐形轰炸机有高低
空突防能力,能执行核攻击及常
规轰炸的双重任务。

空中战士

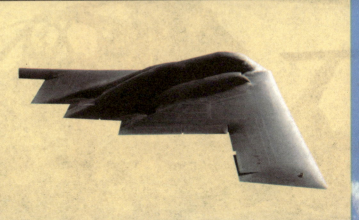

　　B-2"幽灵"隐形轰炸
机不需要空中加油作战航
程就可达12 000千米,空
中加油一次航程便可达到
18 000千米,每次执行任
务的空中飞行时间一般不
少于10小时,是一位名副
其实的"空中战士"。

美国"科曼奇"武装直升机

"科曼奇"武装直升机是世界上第一种隐身直升机,其代号为RAH-66。

"科曼奇"采用消散雷达反射波的外形设计:内藏式导弹和可收放式起落架;广泛采用复合材料,机上所有复合材料的重量占全机结构重量的一半以上。

维修严格

　　"科曼奇"武装直升机的维修要求严格：复飞为 3 人 15 分钟，平均飞行 1 小时的维护工作需要 2.5 小时。

kē màn qí　　wǔ zhuāng zhí
"科曼奇"武装直

shēng jī yǒu liáng hǎo de wéi hù xìng
升机有良好的维护性，

cǎi yòng gù zhàng pàn duàn jiǎn yì gōng
采用故障判断、简易工

jù bāo děng jiù kě shí xiàn jiào gāo de
具包等就可实现较高的

wéi xiū xìng néng shù zì huà de jià
维修性能。数字化的驾

shǐ cāng shǐ kē màn qí néng gòu zhí
驶舱使"科曼奇"能够执

xíng duō zhǒng rèn wu
行多种任务。

美国 CH-47 运输直升机

AOMI TIANXIA

měi guó lù jūn tè
美国陆军特

zhǒng bù duì zhuāng bèi de
种部队装备的

shì bō yīn gōng sī shēng chǎn
是波音公司生产

de　　　　　zhī nǔ
的CH-47"支努

gān zhí shēng jī　zhè shì yì zhǒng dú jù tè sè de zhí shēng jī　tā bú shì wǒ men cháng jiàn de
干"直升机。这是一种独具特色的直升机,它不是我们常见的

nà zhǒng dān xuán yì zhí shēng jī　ér shì yǒu liǎng fù xuán yì　fēn bié ān zhuāng zài jī tóu hé jī
那种单旋翼直升机,而是有两副旋翼,分别安装在机头和机

wěi shàng fāng　suǒ yǐ zhè zhǒng zhí shēng jī
尾上方,所以这种直升机

yòu chēng　zòng liè shì shuāng xuán yì zhí
又称"纵列式双旋翼直

shēng jī
升机"。

gāi zhí shēng jī　jī shēn tóu bù shì
该直升机机身头部是

jià shǐ cāng　zhōng duàn shì zhǔ cāng　jī wěi
驾驶舱,中段是主舱,机尾

空中"大力神"

1991年的海湾战争中,空降师执行的侧面机动任务就是以 CH-47D 运输直升机为基石的。仅第一天作战中,CH-47D 运输直升机就运送了大量弹药和 131 000 加仑的燃料,同时在 2 小时内建立了 40 个相互独立的燃料弹药补给点。

<ruby>是<rt>shì</rt></ruby><ruby>兼<rt>jiān</rt></ruby><ruby>做<rt>zuò</rt></ruby><ruby>跳<rt>tiào</rt></ruby><ruby>板<rt>bǎn</rt></ruby><ruby>的<rt>de</rt></ruby><ruby>向<rt>xiàng</rt></ruby><ruby>下<rt>xià</rt></ruby><ruby>翻<rt>fān</rt></ruby><ruby>的<rt>de</rt></ruby><ruby>货<rt>huò</rt></ruby><ruby>舱<rt>cāng</rt></ruby><ruby>门<rt>mén</rt></ruby>，<ruby>为<rt>wèi</rt></ruby><ruby>了<rt>le</rt></ruby><ruby>装<rt>zhuāng</rt></ruby><ruby>卸<rt>xiè</rt></ruby><ruby>方<rt>fāng</rt></ruby><ruby>便<rt>biàn</rt></ruby>。

<ruby>在<rt>zài</rt></ruby>1991<ruby>年<rt>nián</rt></ruby><ruby>的<rt>de</rt></ruby><ruby>海<rt>hǎi</rt></ruby><ruby>湾<rt>wān</rt></ruby><ruby>战<rt>zhàn</rt></ruby><ruby>争<rt>zhēng</rt></ruby><ruby>中<rt>zhōng</rt></ruby>，CH-47D<ruby>是<rt>shì</rt></ruby><ruby>美<rt>měi</rt></ruby><ruby>国<rt>guó</rt></ruby><ruby>唯<rt>wéi</rt></ruby><ruby>一<rt>yī</rt></ruby><ruby>一<rt>yì</rt></ruby><ruby>种<rt>zhǒng</rt></ruby><ruby>能<rt>néng</rt></ruby><ruby>够<rt>gòu</rt></ruby>

<ruby>在<rt>zài</rt></ruby><ruby>宽<rt>kuān</rt></ruby><ruby>阔<rt>kuò</rt></ruby><ruby>地<rt>dì</rt></ruby><ruby>域<rt>yù</rt></ruby><ruby>上<rt>shang</rt></ruby><ruby>运<rt>yùn</rt></ruby><ruby>送<rt>sòng</rt></ruby><ruby>重<rt>zhòng</rt></ruby><ruby>型<rt>xíng</rt></ruby><ruby>货<rt>huò</rt></ruby><ruby>物<rt>wù</rt></ruby><ruby>的<rt>de</rt></ruby><ruby>直<rt>zhí</rt></ruby><ruby>升<rt>shēng</rt></ruby><ruby>机<rt>jī</rt></ruby>，<ruby>其<rt>qí</rt></ruby><ruby>较<rt>jiào</rt></ruby><ruby>大<rt>dà</rt></ruby><ruby>的<rt>de</rt></ruby><ruby>载<rt>zài</rt></ruby><ruby>重<rt>zhòng</rt></ruby><ruby>量<rt>liàng</rt></ruby><ruby>和<rt>hé</rt></ruby>

<ruby>较<rt>jiào</rt></ruby><ruby>快<rt>kuài</rt></ruby><ruby>的<rt>de</rt></ruby><ruby>速<rt>sù</rt></ruby><ruby>度<rt>dù</rt></ruby><ruby>为<rt>wèi</rt></ruby><ruby>美<rt>měi</rt></ruby><ruby>军<rt>jūn</rt></ruby><ruby>指<rt>zhǐ</rt></ruby><ruby>挥<rt>huī</rt></ruby><ruby>员<rt>yuán</rt></ruby><ruby>和<rt>hé</rt></ruby><ruby>后<rt>hòu</rt></ruby><ruby>勤<rt>qín</rt></ruby><ruby>官<rt>guān</rt></ruby><ruby>提<rt>tí</rt></ruby><ruby>供<rt>gōng</rt></ruby><ruby>了<rt>le</rt></ruby><ruby>良<rt>liáng</rt></ruby><ruby>好<rt>hǎo</rt></ruby><ruby>的<rt>de</rt></ruby><ruby>支<rt>zhī</rt></ruby><ruby>持<rt>chí</rt></ruby>。

战争中的出色表现

CH-47D"支努"运输直升机运输能力强、机动性能高，颇受美国军方重视，在对阿富汗、伊拉克、的战争中发挥了重要作用。

俄罗斯 KA-50武装直升机

AOMI TIANXIA

双旋翼

KA-50直升机的双旋翼在空气动力上是对称的，消除了偏航的动力来源，可以轻易地保持飞行高度。

KA-50武装直升机是苏联卡莫夫卡设计局研制的先进武装直升机。

KA-50武装直升机机内有驾驶、瞄准、导航一体化综合系统。机载计算机可自动接收其他直升机、飞机或地面接受站传来的目标指示。

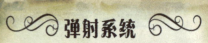
弹射系统

在紧急情况下，飞行员拉动座椅下方的双把手，启动弹射系统，便可与座椅分离，迅速逃生。

KA-50直升机良好的战场生存能力，大大增加了飞行员的信心，有利于充分发挥飞行员的战斗力。

tóng shí   fēi xíng yuán yǒu tóu kuī miáozhǔn jù   kě jiāng suǒ dìng de mù biāo xìn xī zhí jiē chuánsòng gěi
同时,飞行员有头盔瞄准具,可将锁定的目标信息直接传送给

wǔ qì fā shè cāokòng xì tǒng
武器发射操控系统。

é guó bǎ zhè jià zhí shēng jī chēng zhī wéi láng
俄国把这架直升机称之为"狼"。

róng huò le duō xiàng shì jiè dì yī   dì yī zhǒng
KA-50荣获了多项世界第一:第一种

dān zuò gōng jī zhí shēng jī   dì yī zhǒnggòngzhóu shì gōng
单座攻击直升机;第一种共轴式攻

jī zhí shēng jī   dì yī zhǒng cǎi yòng tán shè jiù shēng xì
击直升机;第一种采用弹射救生系

tǒng de zhí shēng jī
统的直升机。

77

英国"海王"直升机

AOMI TIANXIA

hǎi wáng zhí shēng jī shì yīng guó wéi
"海王"直升机是英国韦

sī tè lán zhí shēng jī gōng sī yán zhì de fǎn
斯特兰直升机公司研制的反

qián zhí shēng jī hǎi
潜直升机。"海

wáng zhí shēng jī chú fǎn
王"直升机除反

潜型外，还有空中预警型、救援型、搜索型、支援型等。

"海王"直升机机长22.15米、宽4.98米、高5.13米。最大飞行速度为315千米/小时，最大起飞重量为9 752千克，最大航程1 500千米。"海王"直升机采用一套增强声呐系统，包括马可尼公司的2069型声呐，工作深度达213.36米。改进索恩-EM1搜索雷达作为其航空电子设备。

中国 歼-10 战斗机

AOMI TIANXIA

歼-10战斗机是中国自行研制的第三代战斗机，也是中国最新一代单发动机多用途战斗机。

歼-10战斗机由成都飞机设计研究所设计，成都飞机工业公司制造。

歼-10战斗机的超视距空战、近距格斗和空对地攻击能力很强，并且拥有空中对接加油能力。

歼-10战斗机在设计、技术及工艺上均有大量创新，突破并掌握了一批有重大影响力的核心技术、关键技术和前沿技术。歼-10装备的航电系统基本由国内科研机构研发生产，有单座及双座的改型型号。

CHAPTER 4 第四章

枪械

枪的发明改变了人类的战争史，它能使弱小者变得强大，而强大者被轻易击倒，多少人对它迷恋不已。

美国 柯尔特 M1911A1 手枪
AOMI TIANXIA

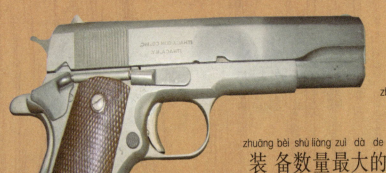

zuò wéi shì jiè shang
作为世界上

zhuāng bèi shí jiān zuì cháng
装备时间最长、

zhuāng bèi shù liàng zuì dà de shǒu qiāng zhī yī de kē ěr
装备数量最大的手枪之一的柯尔

tè　　　　　shǒu qiāng　yóu měi guó zhù míng de tiān
特M1911A1手枪,由美国著名的天

cái qiāng xiè shè jì shī bó lǎng níng shè jì ér chéng zuì
才枪械设计师勃朗宁设计而成,最

zhōng yóu bó lǎng níng gōng sī de jìng zhēng duì shǒu kē ěr
终由勃朗宁公司的竞争对手柯尔

tè gōng sī mǎi xià zhuān lì quán bìng jiā yǐ chū shòu
特公司买下专利权并加以出售。1911

nián kāi shǐ　　měi jūn bǎ tā dìng wéi zhì shì shǒu
年开始,美军把它定为制式手

qiāng　kē ěr tè　　　　　　shǒu
枪,柯尔特M1911A1手

qiāng zài dì yī cì shì jiè dà zhàn dì
枪在第一次世界大战、第

èr cì shì jiè dà zhàn cháo xiān zhàn
二次世界大战、朝鲜战

zhēng hé yuè nán zhàn zhēng
争 和 越 南 战 争

zhōng dōu yǒu jí qí chū sè
中 都 有 极 其 出 色

de biǎoxiàn
的 表 现。

měi guó kē ěr tè
美 国 柯 尔 特

shǒu qiāng de
M1911A1 手 枪 的

柯尔特 M1911A1 手枪结构简单,
零件较少,分解、组装都比较方便。

dàn zhòng yuē wéi kè kǒu jìng háo mǐ qí qiáng dà de huǒ lì shǐ qí tā shǒuqiāng
弹 重 约 为15.16克,口 径11.43毫 米,其 强 大 的 火 力 使 其 他 手 枪

wàng chén mò jí shǐ yòng zhè zhǒngshǒuqiāngnéng gěi shè shǒu dài lái ān quán gǎn gāi xíngshǒuqiāng jù
望 尘 莫 及,使 用 这 种 手 枪 能 给 射 手 带 来 安 全 感。该 型 手 枪 具

yǒu jí qiáng de kě kào xìng bèi rén men yù wéi zhōngchéng wèi shì
有 极 强 的 可 靠 性,被 人 们 誉 为 "忠 诚 卫 士"。

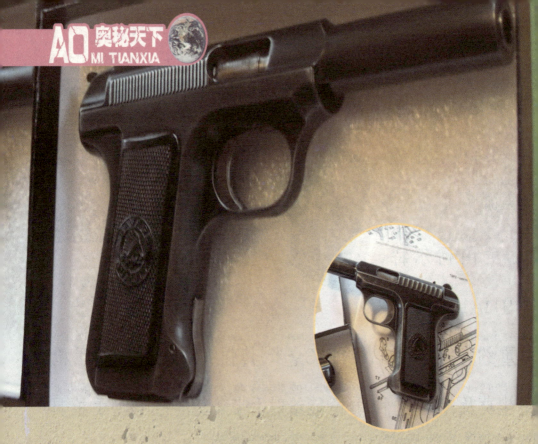

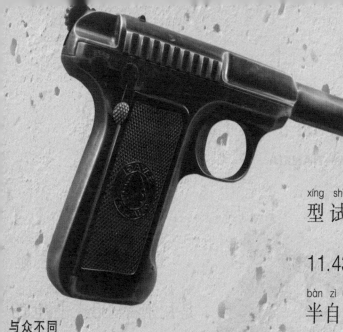

美国萨维奇M1907型手枪

AOMI TIANXIA

sà wéi qí xíng shǒu qiāng shì
萨维奇M1907型手枪是
yóu měi guó sà wéi qí gōng sī kāi fā yǔ shēng
由美国萨维奇公司开发与生
chǎn de qiāng jī hòu zuò shì bàn zì dòng shǒu
产的枪机后坐式半自动手
qiāng sà wéi qí gōng sī yú shì jì chū
枪。萨维奇公司于20世纪初

与众不同

　　M1907 型手枪的外形结构独特,枪体性能也与众不同。

为了参加美军制式手枪选型试验,设计了发射11.43毫米口径ACP弹的半自动手枪。这款手枪结构简单,零件数量少,8发容弹量,握持舒服及重心位置适宜。

只要让萨维奇手枪的击针撞击枪膛内的子弹底火就能完成射击动作,所以在射击之余,枪膛内不装载子弹是必要的。

德国 瓦尔特 P5 式手枪

●●●● AOMI TIANXIA

wǎ ěr tè shì shǒu qiāng
瓦尔特P5式手枪

shì wǎ ěr tè shì shǒuqiāng de
是瓦尔特P38式手枪的

gǎi jìn xíng shì yóu dé guó kǎ ěr
改进型，是由德国卡尔·

wǎ ěr tè yùn dòng qiāng xiè yǒu xiàn
瓦尔特运动枪械有限

gōng sī shēngchǎn zhì zào de gǎi kuǎn
公司生产制造的。该款

shǒuqiāng shì zhuān wèi jūn duì jǐng chá
手枪是专为军队、警察

yán zhì de ān quánxíngshǒuqiāng qí
研制的安全型手枪，其

zhì liàng jiào xiǎo biàn yú xié dài
质量较小，便于携带。

nián dé guó jūn duì
1979年，德国军队

kāi shǐ huànzhuāng jù yǒu xiàn dài huà
开始换装具有现代化

bǎo xiǎn zhuāng zhì de shǒu qiāng wǎ
保险装置的手枪，瓦

ěr tè de gōngchéng shī biàn jué dìng yǐ
尔特的工程师便决定以P1

shǒuqiāng wéi jī chǔ jìn xíng gǎi jìn cóng
手枪为基础进行改进，从

ér zhì zào le shì shǒuqiāng dé guó
而制造了P5式手枪。德国

wǎ ěr tè shì shǒuqiāng de shè jì kě
瓦尔特P5式手枪的设计可

kào yì jīng tuī chū biàn lì jí chéng wéi le dé guó jǐng chá
靠，一经推出便立即成为了德国警察

de zhì shì shǒuqiāng
的制式手枪。

P5式手枪是瓦尔特公司的第三代手枪，该枪具有可靠的保险装置，只有扣动扳机才能击发子弹。

德国 毛瑟手枪

AOMI TIANXIA

dé guó máo sè shǒu qiāng zài
德国毛瑟手枪在

zhōng guó yòu chēng bó ké qiāng
中国又称"驳壳枪"、

hé zi pào
"盒子炮"。

máo sè shǒu qiāng shì máo sè
毛瑟手枪是毛瑟

bīng gōng chǎng de shì zhì chē jiān zǒng
兵工厂的试制车间总

guǎn fèi dé lè xiōng dì sān rén zài
管费德勒兄弟三人在

xián xiá shí jiān gòng tóng yán zhì de
闲暇时间共同研制的。

nián shēng chǎn de yàng
1896年生产的样

枪有五种不同类型：7.63毫米口径的有6发、10发和20发弹匣三种；6毫米口径的有实验型手枪和10发弹匣卡宾枪两种，但这两种枪在后来并未批量生产。

1916年，毛瑟手枪又增加了9毫米口径的手枪新成员。在以后的数十年间，正式装备毛瑟半自动手枪的有德国、意大利、西班牙、中国等十几个国家。

毛瑟在中国

在中国，毛瑟手枪被称为"二十响快慢机"、"自来德"。20世纪上半叶，中国是使用毛瑟手枪数量最多的国家。

毛瑟手枪进入皇室

1896年8月，毛瑟将7.63毫米10发固定弹仓手枪介绍给了国王凯塞·威廉二世。

德国 HK USP 系列手枪

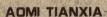
AOMI TIANXIA

德国USP系列手枪是HK公司第一次专门为美国市场设计的手枪，它的基本设计理念是以美国民间、司法机构和武装部队等用户要求为依据的。在1993年休斯敦举行的枪支博览会上，USP手枪第一次向世界展示。同年，

德国HK USP系列手枪顺利下厂生产。

德国USP系列手枪进行了大

90

量的试验，顺利通过了20 000发射击可靠性试验。在干燥、扬尘、泥水、冷冻等极限环境试验中性能也表现得非常可靠。因此，该枪完全是一款品质精良的手枪，它的结构特点突出，充分体现了HK公司全新的手枪设计理念。事实也证明了，该枪的市场前景非常广阔。

USP系列手枪不只是弹匣容量小，全枪尺寸都被缩小了，连击锤都已经尽可能藏在套筒内，这样便于射手将其藏匿在身上。

USP系列手枪的枪身材料由特殊的玻璃纤维塑料制成，枪上部有卡槽，便于安装光学瞄准镜。它各方面的性能均衡，精度和射速都比较高。

意大利 伯莱塔 M1934 式手枪

AOMI TIANXIA

女式袖珍枪

M1934 式手枪的扳机与握把的距离较近，是当时著名的女式袖珍手枪，平时可装在女式手提包内。

缺憾之处

该枪的弹匣卡笋装在握把底部后方，其操作性能不良，几乎不能快速更换弹匣，这是一大缺憾。

bó lái tǎ   shì shǒuqiāng shì zài yì
伯莱塔M1934式手枪 是在意
dà lì bó lái tǎ gōng sī tuī chū de   shì
大利伯莱塔公司推出的M1932式
shǒuqiāng de jī chǔ shang jīng guò gǎi jìn ér lái de
手枪的基础上经过改进而来的。

1934年，意大利陆军将

M1932式手枪的改进

型选为陆军制式 装

备，并命名为伯莱塔

M1934式手枪，该枪

后来成为意大利国内

执法机构的制式手枪。

第二次世界大战

时的意大利陆军以M1934式手枪为制式随身武器。

伯莱塔M1934式9毫米具有成本低廉、结构简单、枪体坚

固、动作

可靠等

优点。

短弹

意大利伯莱塔 M1934 式手枪使用的是 9 毫米柯尔特自动手枪短弹。该弹的弹壳比一般的 9 毫米手枪弹短，不是 22.9 毫米，而是 17 毫米，所以称为短弹。

奥地利格洛克系列手枪

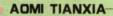
AOMI TIANXIA

chéng lì yú　　　nián de ào dì lì gé luò kè
成立于1963年的奥地利格洛克

yǒu xiàn gōng sī zuò luò yú ào dì lì de wǎ gé lā mǔ
有限公司坐落于奥地利的瓦格拉姆

bù　　gé luò kè xì liè shǒu qiāng tóu fàng shì chǎng hái bù
布。格洛克系列手枪投放市场还不

zú　nián dàn gǎi qiāng yǐ jīng chéng wéi le　　duō gè
足20年,但该枪已经成为了40多个

guó jiā de jūn duì hé jǐng
国家的军队和警

chá de zhì shì pèi
察的制式配

qiāng　gǎi qiāng de zhěng gè qiāng shēn dà bù fen
枪。该枪的整个枪身大部分

shì yóu gōng chéng sù liào zhěng tǐ zhù
是由工程塑料整体注

sù chéng xíng de　zhǐ zài yì xiē qiāng
塑成型的,只在一些枪

shēn de guān jiàn bù fen cǎi yòng gāng
身的关键部分采用钢

cái　zài shēng chǎn zhōng yán gé cǎi yòng
材,在生产中严格采用

xiān jìn de gōng yì　yóu yú gé luò kè shǒu
先进的工艺。由于格洛克手

qiāng de wěn dìng xìng hǎo　shè jī fú dù xiǎo
枪的稳定性好,射击幅度小,

shè sù gāo　zǐ dàn hěn kuài huì bèi dǎ guāng
射速高,子弹很快会被打光,

suǒ yǐ gé luò kè gōng sī yán fā le yì
所以格洛克公司研发了一

zhǒng dà róngliàng de dàn xiá
种大容量的弹匣。

　　dāng gé luò kè shǒuqiāngzhèng shì jìn　rù měi guó jǐng yòng wǔ　qì shì chǎng shí　xǔ duō jǐng chá
　　当格洛克手枪 正式进入美国警用武器市 场时,许多警察

jú jǐ hū shì yǐ bèi qiáng pò de fāng shì pèi fā gé luò kè shǒuqiāng de　dàn dāngyòngshàng le gé luò
局几乎是以被强迫的方式配发格洛克手枪的,但当用上了格洛

kè shǒuqiānghòu　zhè xiē jǐng chá hěn kuài jiù bù yóu zì zhǔ de xǐ ài shàng le zhè kuǎn xīn shǒuqiāng
克手枪后,这些警察很快就不由自主地喜爱上了这款新手枪。

美国柯尔特 M733 突击步枪

AOMI TIANXIA

měi guó kē ěr
美国柯尔

tè   tū jī
特 M733 突击

bù qiāng shì yóu měi guó qiāng xiè shè jì
步枪是由美国枪械设计

shī yóu jīn   sī tōng nà gēn jù yuè nán
师尤金·斯通纳根据越南

zhàn zhēng de shí zhàn jīng yàn shè jì
战争的实战经验设计

de   yóu kē ěr tè wǔ qì gōng yè gōng
的,由柯尔特武器工业公

sī zhì zào   mù qián   měi guó lù jūn
司制造。目前,美国陆军、

hǎi jūn lù zhàn duì hé jǐng chá fáng bào
海军陆战队和警察防暴

bù duì yǐ zhuāng bèi shǐ yòng gāi qiāng
部队已装备使用该枪。

cǐ wài   ā lā bó lián hé qiú zhǎng
此外,阿拉伯联合酋长

guó wēi dì mǎ lā jí qí tā yì xiē
国、危地马拉及其他一些

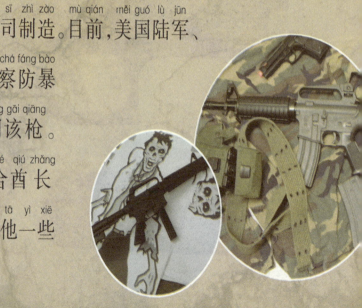

guó jiā de jūn duì yě zhuāng bèi le gāi qiāng

国家的军队也装备了该枪。

měi guó kē ěr tè tū jī bù qiāng zài qí yán zhì jiē duàn bèi chēng wéi

美国柯尔特M733突击步枪在其研制阶段被称为

shè jì dìng xíng hòu cái mìng míng wéi gāi qiāng kě xiàng chōng fēng qiāng yì

XM177E2,设计定型后才命名为M733。该枪可像冲锋枪一

yàng guà jiān xié dài shì hé zài gè zhǒng

样挂肩携带,适合在各种

zhàn dòu tiáo jiàn xià zhǔn què yǒu xiào de jìn

战斗条件下准确有效地进

xíng shè jī yīn cǐ tā shì jī xiè

行射击,因此它是机械

huà bù duì zài gè zhǒng huán jìng

化部队在各种环境

zhōng zhàn dòu de shǒu xuǎn wǔ qì

中战斗的首选武器。

俄罗斯 AK47 突击步枪

AOMI TIANXIA

é luó sī   shì
俄罗斯AK47式7.62

háo mǐ tū jī bù qiāng shì zhù míng qiāng
毫米突击步枪是著名枪

xiè shè jì shī kǎ lā shí ní kē fū
械设计师卡拉什尼科夫

shè jì de   gāi qiāng zì wèn shì yǐ
设计的。该枪自问世以

lái yǐ qí qiáng dà de huǒ lì   kě kào de xìng néng   dī lián de zào jià ér fēng mí shì jiè   jù
来,以其强大的火力、可靠的性能、低廉的造价而风靡世界。据

bù wán quán tǒng jì é luó sī xì
不完全统计,俄罗斯AK47系

liè tū jī bù qiāng yǐ shēng chǎn le shù qiān
列突击步枪已生产了数千

wàn zhī chéng wéi shì jiè shang dāng zhī wú kuì
万支,成为世界上当之无愧

de tū jī bù qiāng zhī wáng
的"突击步枪之王"。

wú lùn shì zài yuè nán zhàn chǎng hái
无论是在越南战场,还

shì zài hǎi wān zhàn chǎng shang jiāng mái zài ní
是在海湾战场上,将埋在泥

水和沙堆中的AK47挖出后,依旧能
正常发射。在越南战争中,美军将
领曾告诫自己的士兵:"当你手中的
武器出现故障时,你必须马上找到
一把AK47,这是至关重要的!"

使用众多

　　AK47突击步枪所装备的国家数量很多,除苏
联外,世界上有30多个国家的军队装备该枪,有的
还进行了仿制或特许生产。以色列的加利尔步枪、
芬兰的瓦尔梅特步枪都是参照AK47设计的。

中国 95式自动步枪

AOMI TIANXIA

zhōng guó shì háo mǐ zì dòng
中国95式5.8毫米自动

bù qiāng shì zhōng guó lù jūn bù duì jìn zhàn
步枪,是中国陆军部队近战

zhōng xiāo miè dí rén yǒu shēng lì liàng de zhǔ
中消灭敌人有生力量的主

yào wǔ qì gāi bù qiāng duì yú mǐ
要武器,该步枪对于400米

nèi de dí rén fēi jī sǎn bīng
内的敌人飞机、伞兵

hé jí tuán mù biāo jù yǒu hěn
和集团目标具有很

gāo de shā shāng lì néng yòng shí dàn zhí jiē cóng qiāng guǎn fā shè háo
高的杀伤力,能用实弹直接从枪管发射40毫

mǐ kǒu jìng de qiāng liú dàn shǐ bù bīng jù yǒu quán miàn shā shāng hé fǎn
米口径的枪榴弹,使步兵具有全面杀伤和反

zhuāng jiǎ de néng lì　　　gāi qiāng de zhàn dǒu shè
装甲的能力。该枪的战斗射

sù wéi dān fā shí　　　fā fēn　lián fā shí
速为单发时40发/分,连发时

fā fēn
100发/分。

　　　　　shì zì dòng bù qiāng yóu cì dāo　qiāng guǎn　dǎo qì zhuāng zhì　miáo zhǔn zhuāng zhì　hù
95式自动步枪由刺刀、枪管、导气装置、瞄准装置、护

gài　qiāng jī　fù jìn huáng　jī fā jī　qiāng tuō　jī xiá hé dàn xiá　　　gè bù fen zǔ chéng
盖、枪机、复进簧、击发机、枪托、机匣和弹匣11个部分组成,

hái yǒu yí tào fù jiàn　cì dāo yòng yǐ cì shā dí rén　　yě kě zuò wéi gé dòu bǐ shǒu hé yě zhàn
还有一套附件。刺刀用以刺杀敌人,也可作为格斗匕首和野战

gōng jù shǐ yòng
工具使用。

美国柯尔特9毫米冲锋枪

AOMI TIANXIA

kē ěr tè
柯尔特9

háo mǐ chōng fēng qiāng
毫米冲锋枪

yóu měi guó kē ěr tè gōng sī zhì zào tā de zuò
由美国柯尔特公司制造。它的作

yòng shì shā shāng jìn jù lí nèi yǒu shēng mù biāo qí
用是杀伤近距离内有生目标,其

yǒu xiào shè chéng wéi mǐ mù qián kē ěr tè
有效射程为150米。目前,柯尔特

háo mǐ chōng fēng qiāng zhuāng bèi yú měi guó zhí fǎ jī gòu
9毫米冲锋枪装备于美国执法机构

hé hǎi jūn lù zhàn duì qí tā yì xiē guó jiā yě zhuāng bèi
和海军陆战队,其他一些国家也装备

le zhè zhǒng qiāng
了这种枪。

kē ěr tè háo mǐ chōng fēng
柯尔特9毫米冲锋

qiāng cǎi yòng bàn zì dòng qiāng jī shì
枪采用半自动枪机式

gōng zuò yuán lǐ bì táng dài jī kě
工作原理,闭膛待击,可

dān fā yě kě lián fā tā hái jù yǒu jié gòu jǐn
单发，也可连发。它还具有结构紧

còu cāo zuò qīng biàn shè jī jīng dù gāo děng tè
凑、操作轻便、射击精度高等特

diǎn zài shè jì shang kē ěr tè háo mǐ chōng fēng
点。在设计上，柯尔特9毫米冲锋

qiāng cǎi yòng zhí xiàn shì jié gòu qiāng dàn jī fā
枪采用直线式结构，枪弹击发

hòu shè jī jīng dù tí gāo
后，射击精度提高。

俄罗斯 PPSh41 式冲锋枪

　　俄罗斯PPSh41式冲锋枪是苏联著名轻武器设计师斯帕金设计的，该枪经过1940年末至1941年初的试验后，于1941年正式装备军队。1942年开始大批量生产，到20世纪40年代末，PPSh41式冲锋枪共生产500多万支。

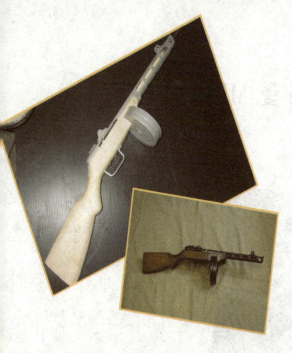

俄罗斯PPSh41式
冲锋枪可选择单发或
连发射击,该枪有早期
型和标准型两种型号,
其结构特点是:加工工
艺性较好,理论射速和射
击精度都很高。俄罗斯PPSh41式冲锋枪
在众多方面都体现出它是一种性能卓
越的武器,是第二次世界大战中苏联的
主要作战武器。

总体情况

　　PPSh41式冲锋枪的结构简单、加工工艺性
较好,早期型配有由多层皮革制成的缓冲垫,用
来缓冲武器发射子弹时产生的后坐力,以此提高
射击精度,这使得它非常适于大批量生产。

德国 伯格曼 MP18 冲锋枪

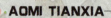

dé guó bó gé màn
德国伯格曼

chōng fēng qiāng shì shì
MP18 冲锋枪是世

jiè shang dì yī zhī zhēnzhèng yì
界上第一支真正意

yì shang de chōngfēngqiāng zhè
义上的冲锋枪。这

kuǎn qiāng shì dé guó zhù míng jūn
款枪是德国著名军

xiè shè jì shī shī mài sè zài
械设计师施迈瑟在

nián shè jì de bìng yóu bó gé màn jūn gōngchǎng
1918年设计的,并由伯格曼军工厂

jìn xíng shēngchǎn zhì zào
进行生产制造。

dé guó chōng fēng qiāng shì yì zhǒng shǐ
德国MP18 冲锋枪是一种使

yòngshǒuqiāng zǐ dàn de zì dòng wǔ qì suī rán shè chéng jìn jīng dù bù gāo dàn tā shì hé dān
用手枪子弹的自动武器,虽然射程近、精度不高,但它适合单

bīng shǐ yòng bìng qiě jù yǒu jiào měng de huǒ lì wǒ guó shǐ yòng dé guó chōngfēngqiāng de
兵使用,并且具有较猛的火力。我国使用德国MP18 冲锋枪的

106

制造过程

　　MP18 冲锋枪的零部件一般是由多个工厂分别加工制造的,最终由伯格曼兵工厂组装完成。

<ruby>历<rt>lì</rt></ruby><ruby>史<rt>shǐ</rt></ruby><ruby>较<rt>jiào</rt></ruby><ruby>早<rt>zǎo</rt></ruby>,<ruby>一<rt>yī</rt></ruby><ruby>战<rt>zhàn</rt></ruby><ruby>后<rt>hòu</rt></ruby>,<ruby>作<rt>zuò</rt></ruby><ruby>为<rt>wéi</rt></ruby><ruby>德<rt>dé</rt></ruby><ruby>国<rt>guó</rt></ruby>

历史较早,一战后,作为德国

<ruby>剩<rt>shèng</rt></ruby><ruby>余<rt>yú</rt></ruby><ruby>物<rt>wù</rt></ruby><ruby>资<rt>zī</rt></ruby>,<ruby>毛<rt>máo</rt></ruby><ruby>瑟<rt>sè</rt></ruby><ruby>手<rt>shǒu</rt></ruby><ruby>枪<rt>qiāng</rt></ruby><ruby>和<rt>hé</rt></ruby><ruby>德<rt>dé</rt></ruby><ruby>国<rt>guó</rt></ruby>

剩余物资,毛瑟手枪和德国

<ruby>冲<rt>chōng</rt></ruby><ruby>锋<rt>fēng</rt></ruby><ruby>枪<rt>qiāng</rt></ruby><ruby>一<rt>yì</rt></ruby><ruby>起<rt>qǐ</rt></ruby><ruby>流<rt>liú</rt></ruby><ruby>入<rt>rù</rt></ruby><ruby>中<rt>zhōng</rt></ruby>

MP18 冲锋枪一起流入中

<ruby>国<rt>guó</rt></ruby>。<ruby>当<rt>dāng</rt></ruby><ruby>时<rt>shí</rt></ruby><ruby>中<rt>zhōng</rt></ruby><ruby>国<rt>guó</rt></ruby><ruby>称<rt>chēng</rt></ruby><ruby>德<rt>dé</rt></ruby><ruby>国<rt>guó</rt></ruby>

国。当时中国称德国MP18

<ruby>冲<rt>chōng</rt></ruby><ruby>锋<rt>fēng</rt></ruby><ruby>枪<rt>qiāng</rt></ruby><ruby>为<rt>wéi</rt></ruby><ruby>花<rt>huā</rt></ruby><ruby>机<rt>jī</rt></ruby><ruby>关<rt>guān</rt></ruby><ruby>枪<rt>qiāng</rt></ruby><ruby>主<rt>zhǔ</rt></ruby><ruby>要<rt>yào</rt></ruby>

冲锋枪为"花机关枪",主要

<ruby>是<rt>shì</rt></ruby><ruby>因<rt>yīn</rt></ruby><ruby>为<rt>wèi</rt></ruby><ruby>它<rt>tā</rt></ruby><ruby>可<rt>kě</rt></ruby><ruby>以<rt>yǐ</rt></ruby><ruby>连<rt>lián</rt></ruby><ruby>发<rt>fā</rt></ruby>

是因为它可以连发。

意大利"幽灵"M4冲锋枪

AOMI TIANXIA

nián wèi yú yì dà lì dū
1982年,位于意大利都

líng de sài cí gōng sī kāi shǐ yán zhì   yōu
灵的赛茨公司开始研制"幽

líng   chōng fēng qiāng   dāng shí ōu zhōu jīng
灵"M4冲锋枪,当时欧洲经

cháng zāo dào kǒng bù xí jī   sài cí gōng sī
常遭到恐怖袭击,赛茨公司

zhēn duì běn guó   nián lái de chéng shì fǎn
针对本国12年来的城市反

kǒng bù huó dòng de jīng yàn jiào xùn   shè
恐怖活动的经验教训,设

jì le zhè zhǒng tè bié shì hé xié dài
计了这种特别适合携带、

yǐn bì xìng hǎo   zài jí jìn shè chéng nèi
隐蔽性好、在极近射程内

néng tí gōng jí shí huǒ lì de xiǎo xíng tū
能提供及时火力的小型突

jī wǔ qì
击武器。

"幽灵"M4冲锋枪于1982年开始研制，经历了两种样枪的试制改进而成。其优点是命中精度较高，但不利于散热，所以大多数冲锋枪采用开膛待击。"幽灵"M4的设计思想是简化射击操作，实现快速射击，遇到突发事件可立即举枪射击。

英国 维克斯 MK1 重机枪

AOMI TIANXIA

wéi kè sī zhòng jī qiāng
维克斯MK1重机枪

yóu wéi kè sī gōng sī wán chéng shēng
由维克斯公司完成 生

chǎn yīn cǐ céng yí dù bèi chēng wéi
产,因此曾一度被称为

wéi kè sī mǎ kè qìn jī qiāng gāi
维克斯-马克沁机枪。该

qiāng shì mǎ kè qìn jī qiāng de gǎi jìn
枪是马克沁机枪的改进

xíng nián yuè yīng guó jūn
型。1912年11月,英国军

duì zhèng shì zhuāng bèi gǎi qiāng bìng
队正式装 备该枪,并

qiě zài dì yī cǐ shì jiè dà zhàn hé
且在第一次世界大战和

dì èr cì shì jiè dà zhàn zhōng dōu shǐ
第二次世界大战中都使

yòng le cǐ qiāng
用了此枪。

wéi kè sī zhòng jī qiāng
维克斯MK1重机枪

xìng néng kě kào shǐ yòng guǎng fàn   tā kě yǐ bǎo chí
性能可靠,使用广泛,它可以保持

shù xiǎo shí de lián xù shè jī   tí gōng qiáng dà de huǒ
数小时的连续射击,提供强大的火

lì bú guò gāi qiāng zhòng liàng guò dà   yǒu shí huì yīn
力。不过该枪重量过大,有时会因

gōng dàn gù zhàng ér zhōng zhǐ shè jī lǐ lùn shè sù
供弹故障而中止射击,理论射速

jiào dī gāi jī qiāng de shè sù wéi   fā fēn
较低。该机枪的射速为200发/分,

qiāng guǎn cháng   háo mǐ   zài bù hán lěng què shuǐ de
枪管长724毫米。在不含冷却水的

qíng kuàng xià quán qiāng zhòng   qiān kè   hán lěng què
情况下,全枪重15千克,含冷却

shuǐ shí zhòng   qiān kè
水时重18.2千克。

全自动机枪维克斯 MK1 重机枪是一款真正意义上的全自动机枪,它的自动动作是依靠火药气体能量来完成的。

机枪研制人

维克斯 MK1 重机枪的研制人海勒姆·马克沁从小贫困,凭借勤奋自学和聪明的头脑成为了发明家。

ⓒ 崔钟雷 2012

图书在版编目(CIP)数据

孩子最爱看的兵器奥秘传奇 / 崔钟雷编著. —沈阳:
万卷出版公司, 2012.6 (2019.6 重印)
　(奥秘天下)
　ISBN 978-7-5470-1866-8

Ⅰ.①孩… Ⅱ.①崔… Ⅲ.①武器－少儿读物　Ⅳ.
①E92-49

中国版本图书馆 CIP 数据核字 (2012) 第 089756 号

出版发行：北方联合出版传媒（集团）股份有限公司
　　　　　万卷出版公司
　　　　　（地址：沈阳市和平区十一纬路 29 号 邮编：110003）
印 刷 者：北京一鑫印务有限责任公司
经 销 者：全国新华书店
幅面尺寸：690mm×960mm　1/16
字　　数：100 千字
印　　张：7
出版时间：2012 年 6 月第 1 版
印刷时间：2019 年 6 月第 4 次印刷
责任编辑：邢和明
策　　划：钟雷
装帧设计：稻草人工作室
主　　编：崔钟雷
副 主 编：张文光 翟羽朦 李 雪
ISBN 978-7-5470-1866-8
定　　价：29.80 元

联系电话：024-23284090
邮购热线：024-23284050/23284627
传　　真：024-23284448
E - m a i l：vpc_tougao@163.com
网　　址：http://www.chinavpc.com

常年法律顾问：李福

AOMI TIANXIA

奥秘天下